彭依莎　缪力果◎主编

来自全世界的
特色饮品

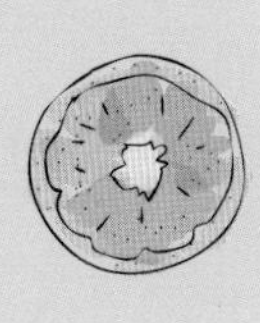

中国纺织出版社

图书在版编目（CIP）数据

来自全世界的特色饮品 / 彭依莎，缪力果主编 . -- 北京 : 中国纺织出版社，2019.8
ISBN 978-7-5180-6100-6

Ⅰ . ①来… Ⅱ . ①彭…②缪… Ⅲ . ①饮料—世界 Ⅳ . ① TS27

中国版本图书馆 CIP 数据核字（2019）第 063836 号

责任编辑：舒文慧　　特约编辑：吕　倩
责任校对：楼旭红　　责任印制：王艳丽

中国纺织出版社出版发行
地址：北京市朝阳区百子湾东里 A407 号楼　邮政编码：100124
销售电话：010 － 67004422　传真：010 － 87155801
http://www.c-textilep.com
E-mail: faxing@c-textilep.com
中国纺织出版社天猫旗舰店
官方微博 http://weibo.com/2119887771
深圳市雅佳图印刷有限公司印刷　各地新华书店经销
2019 年 8 月第 1 版 第 1 次印刷
开本：710 × 1000　1 / 16　印张：10
字数：61 千字　定价：49.80 元

目录 CONTENTS

Part 1
品味匠心独具的欧洲风情

Part 2 体验热情张扬的美洲风味

Part 3 慢品亚洲独特的酒与茶

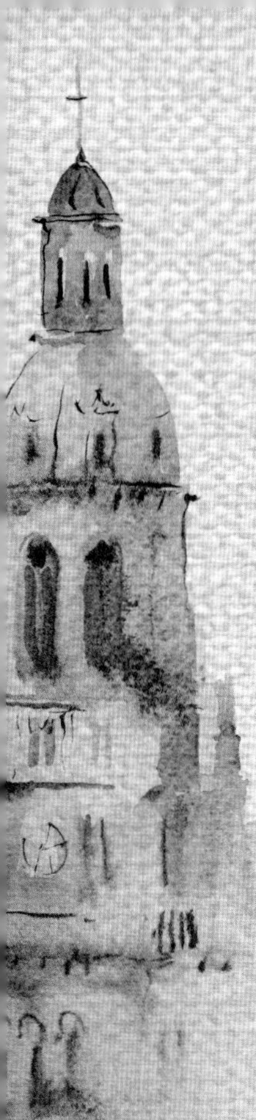

品味匠心独具的欧洲风情

欧洲的饮品文化历史悠久，

无论是法国的葡萄酒、意大利的咖啡，

还是英国的红茶，

都带着冒险精神与精心培育的传奇色彩。

金汤力

/ 英国 /

制作时间：2分钟
难易度：★☆☆

原料

干金酒45毫升
青柠檬适量
汤力水适量
冰块适量

制作步骤

1. 把青柠檬切成瓣，切去芯部，去籽，方便挤出汁。
2. 将冰块倒入杯中，挤入青柠檬汁，再把青柠檬放入杯中。
3. 量取45毫升干金酒，倒入杯中。
4. 再往杯中注满汤力水，用吧勺轻轻绕圈搅拌即可。

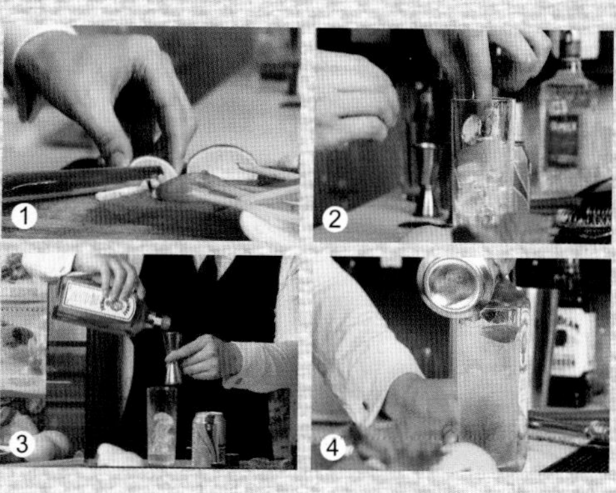

这款酒的知名度非常高，很多人都是由它引领进入鸡尾酒世界的大门。其口味偏辣，在世界范围内都很受欢迎，是碳酸饮品与酒精的经典搭配。

锈铁钉

/英国/

制作时间：2分钟
难易度：★☆☆

原料

威士忌60毫升
杜林标力娇酒20毫升
冰块适量

制作步骤

1. 将冰块倒入威士忌酒杯中。
2. 量取60毫升威士忌，倒入酒杯中。
3. 再量取20毫升杜林标力娇酒，倒入酒杯中。
4. 用吧勺贴着杯壁，轻轻转圈搅拌片刻，再用冰块装满酒杯即可。

据说，杜林标力娇酒曾经是苏格兰王室的传统秘制酒，给这款酒带来了一丝神秘感。锈铁钉这款酒口味辛辣，是烟熏与蜂蜜味交织的杜林标力娇酒和威士忌的完美融合。

哈维撞墙

/ 英国 /

制作时间：2分钟
难易度：★☆☆

原料

伏特加50毫升
加力安奴力娇酒20毫升
橙汁90毫升
冰块、橙子片各适量

制作步骤

1. 将冰块倒入海波杯中。
2. 量取50毫升伏特加，倒入酒杯中，再量取90毫升橙汁，倒入酒杯中，用吧勺轻轻搅拌。
3. 最后将20毫升加力安奴力娇酒铺在最上层，点缀橙子片即可。

盐狗

/ 英国 /

制作时间：3分钟
难易度：★★☆

原料

伏特加45毫升
西柚汁适量
西柚块适量
柠檬片适量
盐、冰块各适量

制作步骤

1. 将柠檬片环绕杯沿擦一圈，倒置杯子，扣在装有盐的碟子上，蘸上盐，制成盐圈。
2. 把冰块倒入杯中，倒入伏特加，加入适量西柚汁，搅拌均匀。
3. 最后点缀西柚块，插上吸管即可。

亚历山大

/ 英国 /

制作时间：3分钟
难易度：★★☆

原料

白兰地45毫升
棕可可力娇酒15毫升
牛奶30毫升
肉桂粉适量
肉桂皮适量
冰块适量

制作步骤

1. 将白兰地、棕可可力娇酒和牛奶，依次倒入摇酒壶中。
2. 在摇酒壶中加入冰块，盖好摇酒壶，压紧盖子，将摇酒壶剧烈摇晃15秒。
3. 打开摇酒壶，盖上过滤器，再放好滤网，把鸡尾酒倒入杯中。
4. 撒上一层肉桂粉，点缀肉桂皮即可。

据说这款酒是英国国王爱德华七世献给王后亚历山大（也有译法译为亚历山德拉）的酒，它香醇甘甜的味道弥漫着深深的爱意。其口味偏甜，甜美的白兰地、顺滑的牛奶、香浓的可可共谱一支美妙的华尔兹舞曲。

热威士忌托蒂

/ 英国 /

制作时间：2分钟

难易度：★☆☆

原料

威士忌60毫升

红糖20克

蜂蜜20克

桂皮1段

热水适量

制作步骤

1. 量取威士忌60毫升，倒入温热的柯林杯中。
2. 加入红糖、蜂蜜，用吧勺搅拌片刻。
3. 把桂皮掰成2段，取1段放入杯中，注入适量热水，搅拌至糖粉溶化。
4. 再点缀1段桂皮即可。

这是一款在冬季格外受欢迎的鸡尾酒，无论甘甜还是辛辣，都被热水稀释，再添入淡淡的香料气息，辛辣的威士忌被热水与桂皮的味道削弱，还能够温暖脾胃。

白兰地蛋诺

/英国/

制作时间：3分钟
难易度：★★☆

原料

白兰地30毫升
白朗姆酒15毫升
糖浆5毫升
鸡蛋1个
牛奶适量
冰块适量
豆蔻粉适量

制作步骤

1. 将量取好的白兰地、白朗姆酒、糖浆倒入摇酒壶中，打入鸡蛋。
2. 加入冰块，盖好摇酒壶盖，剧烈摇晃，时间久一些。
3. 打开摇酒壶盖，将鸡尾酒倒入白兰地杯中。
4. 倒入牛奶，用吧勺轻轻搅拌，撒上少许豆蔻粉即可。

这款酒是英国人在圣诞节聚餐上经常饮用的，口味偏甜，因为加入了鸡蛋和牛奶，能量很足，加入热牛奶后更适合冬季饮用；豆蔻粉让这款饮品的风味更醇厚。

浓缩咖啡马天尼

/英国/

制作时间：3分钟
难易度：★★☆

原料

浓缩咖啡30毫升
伏特加60毫升
咖啡利口酒15毫升
咖啡豆3颗
糖浆、冰块各适量

制作步骤

1. 在摇酒壶中倒满冰块。
2. 加入伏特加、糖浆、咖啡利口酒，再倒入浓缩咖啡，盖上盖子。
3. 将摇酒壶剧烈摇晃15秒，盖上过滤器，再放好滤网，过滤至鸡尾酒杯中，点缀3颗咖啡豆即可。

柠檬红茶

/ 英国 /

制作时间：8分钟
难易度：★☆☆

原料

柠檬10克
红茶1包
蜂蜜5克
薄荷叶少许
热水150毫升

制作步骤

1. 红茶中注入热水，泡3分钟，放凉；柠檬切片。
2. 红茶倒入梅森杯中，放入柠檬片、蜂蜜拌匀。
3. 点缀薄荷叶即可。

爱尔兰咖啡

/爱尔兰/

制作时间：15分钟
难易度：★★★

原料

咖啡豆15克
爱尔兰威士忌60毫升
淡奶油75克

制作步骤

1. 将咖啡豆放入磨豆机中，磨成粉状（中度粉）。
2. 在虹吸壶底部加入清水，把过滤器放进上壶，拉住铁链尾端，轻轻钩在玻璃管末端，把上壶插入下壶中，加热。
3. 在下壶的水完全上升至上壶以后，倒入咖啡粉拌匀，搅拌后1分钟左右关火，待咖啡滴入下壶中，萃取120毫升黑咖啡。
4. 用酒精灯加热杯子中的爱尔兰威士忌，倒入黑咖啡，挤上打发的淡奶油即可。

多年前的爱尔兰都柏林机场，一位酒保爱上了一位空姐，他想为她调制一杯隐藏着心意密码的咖啡。一年后，空姐终于在机场喝到了这杯咖啡，但他并没有机会告诉她，他爱她……

威士忌酸酒

/ 爱尔兰 /

制作时间：4分钟
难易度：★★☆

原料

爱尔兰威士忌60毫升
糖浆20毫升
柠檬汁30毫升
鸡蛋1个
柠檬1片
冰块适量

制作步骤

1. 量取威士忌、糖浆、柠檬汁倒入摇酒壶中。
2. 鸡蛋取蛋清，倒入摇酒壶中，加入冰块，盖好摇酒壶。
3. 压紧盖子，将摇酒壶剧烈摇晃15秒。
4. 打开摇酒壶，盖上过滤器，再放好滤网，把鸡尾酒倒入碟形香槟酒杯中，点缀柠檬片即可。

英国女王伊丽莎白一世十分喜爱爱尔兰威士忌，然而随着禁酒活动的兴起，酒精类饮品日渐式微。

芬兰奶酪咖啡

/芬兰/

制作时间：15分钟
难易度：★★☆

原料

黑咖啡150毫升

奶酪适量

制作步骤

1. 用虹吸壶萃取150毫升黑咖啡。
2. 将奶酪切成3厘米厚的块状，用喷枪将奶酪块稍微火烤至表面有点烧焦的程度。
3. 将烤好的奶酪放入咖啡杯中，冲入黑咖啡，搅拌均匀即可。

法式欧蕾咖啡

/法国/

制作时间：10分钟
难易度：★★☆

原料

咖啡豆15克

牛奶90毫升

制作步骤

1. 用法压壶萃取90毫升咖啡液。
2. 将牛奶加热至82℃。
3. 在咖啡杯中注入咖啡液，倒入热牛奶即可（可依个人口味加入黄糖）。

皇家咖啡

/法国/

制作时间：15分钟
难易度：★★☆

原料

浅烘焙咖啡豆20克
方糖1块
白兰地适量

制作步骤

1.将咖啡豆磨成粉，用虹吸式咖啡壶萃取出适量黑咖啡，倒入咖啡杯中。
2.将方糖放入汤匙内，而汤匙平放在杯口上，在方糖上淋上白兰地，点燃至方糖溶化，饮用时将汤匙中的糖酒混合液放入咖啡中搅拌均匀即可。

皇家基尔酒

/法国/

制作时间：1分钟
难易度：★☆☆

原料

香槟酒90毫升

黑醋栗力娇酒10毫升

制作步骤

1. 在杯中倒入黑醋栗力娇酒。
2. 再倒入香槟酒即可。

血腥玛丽

/法国/

制作时间：3分钟
难易度：★☆☆

原料

伏特加60毫升
君度力娇酒15毫升
浓缩柠檬汁20毫升
糖浆15毫升
番茄汁适量
西芹适量
塔巴斯科辣椒仔适量
盐适量
胡椒粉适量
冰块适量

制作步骤

1. 将冰块倒入海波杯中，量取伏特加、君度力娇酒倒入杯中，量取浓缩柠檬汁倒入杯中。
2. 把量取好的糖浆倒入杯中，注入适量番茄汁，直至注满海波杯。
3. 在杯中加入适量盐、胡椒粉，滴入塔巴斯科辣椒仔。
4. 取一段西芹，从中间切开，点缀在杯中即可。

据传这款酒源于欧洲中世纪的铁血玛丽女王，因其过于血腥的手段被称为“血腥玛丽”。其口味稍辣，可作为酸辣的餐前汤饮用。

葡萄酒

/法国/

制作时间：1.5个月
难易度：★★★

原料

葡萄5000克
酵母5克
白砂糖610克
蒸馏水50毫升

制作步骤

1. 将容器清洗烘干；把葡萄果粒清洗干净，榨汁，装入干净的容器中。
2. 将10克白砂糖倒入蒸馏水中溶化，放入酵母，倒入葡萄汁中，倒入透风但无尘的容器中，发酵12小时。
3. 再加入600克用葡萄汁溶化的白砂糖，发酵5天。
4. 分离酒和皮渣，将酒倒入另一个容器中继续发酵10天，澄清，倒入橡木桶中，陈酿1个月即可。

在法国，葡萄酒酿造具有悠久的历史，而且根据不同产地、酒庄、葡萄品种、酿造方法制定了严格的分级制度。

冰滴咖啡

/荷兰/

制作时间：2天
难易度：★★☆

原料

咖啡豆30克

冰块200克

制作步骤

1. 将100毫升冷开水倒入冰块中混合，将咖啡豆磨成比粗砂糖细一点的粉末。
2. 将咖啡粉倒入装有滤网的萃取瓶中整平，置于收集瓶上方；滴盘放在萃取瓶上方，冰水混合物放入盛水器中，以10秒8滴左右的速度慢速滴滤，待冰水滴完，倒入密封瓶中，冷藏2天，倒入装有冰块的咖啡杯中即可。

冰激凌咖啡

/ 德国 /

制作时间：10分钟
难易度：★★☆

原料

浓缩咖啡60毫升
冰激凌球2个
淡奶油100克
朗姆酒适量
巧克力酱适量
冰块适量
可可粉适量

制作步骤

1. 将淡奶油用电动搅拌器打发。
2. 在高脚杯内壁上挤入少许巧克力酱，淋入朗姆酒，放入冰块、冰激凌球。
3. 淋入浓缩咖啡，挤上打发的奶油，再淋上巧克力酱，撒上可可粉即可。

维也纳咖啡

/奥地利/

制作时间：10分钟

难易度：★★☆

原料

咖啡粉15克

热水270毫升

黄砂糖5克

淡奶油适量

制作步骤

1. 把过滤器放进上壶，拉住铁链尾端，轻轻钩在玻璃管末端。
2. 将底部燃气炉点燃，把上壶插入下壶中。
3. 使下壶的水完全上升至上壶，倒入咖啡粉，用木勺拌匀，进行第二次搅拌后1分钟左右熄灭燃气炉，等待咖啡滴入下壶中。
4. 往备好的杯子中加入黄砂糖，倒入萃取好的咖啡，倒入淡奶油，饮用时搅拌均匀即可。

在维也纳，与音乐并驾齐名的是一个毫不相关的东西——咖啡馆。无论是晴天还是雨天，一杯咖啡总能带给你一个好心情！

苹果甜菜根汁

/意大利/

制作时间：15分钟
难易度：★★☆

原料

甜菜根150克
苹果100克
冰块适量
蒸馏水适量

制作步骤

1. 甜菜根去皮，切块。
2. 苹果去核，切块。
3. 将甜菜根块、苹果块倒入榨汁机中。
4. 注入蒸馏水，榨成果汁，过滤好，放入冰块即可。

马天尼

/意大利/

制作时间：4分钟

难易度：★★☆

原料

干金酒45毫升

马天尼白威末酒15毫升

渍橄榄适量

柠檬皮适量

冰块适量

制作步骤

1. 将量取好的干金酒、马天尼白威末酒倒入调酒杯中，再倒入冰块，用吧勺搅拌均匀。
2. 用过滤器将酒滤入冷却好的鸡尾酒杯中。
3. 放入用酒签穿好的渍橄榄，在酒杯上方拧绞柠檬皮调味即可。

意式浓缩咖啡

/意大利/

制作时间：4分钟
难易度：★☆☆

原料

咖啡豆20克

制作步骤

1. 将咖啡豆放入电动磨豆机中，将其磨成粉末（极细粉），放入滤器中。
2. 用压粉器稍稍压平咖啡粉的表面。
3. 再用平整机在咖啡粉上按压，至表面平整。
4. 将滤器安装在意式咖啡机上，将萃取好的咖啡液接入杯子中即可。

制作意式咖啡最初先学会的是制作意式浓缩咖啡，最难的也是制作此咖啡。意式浓缩咖啡是很多咖啡的灵魂，当爱上它纯粹的味道，就是时候尝试两倍意式浓缩咖啡了。

卡布奇诺咖啡

/ 意大利 /

制作时间：10分钟
难易度：★★☆

原料

咖啡豆20克

冰牛奶150毫升

制作步骤

1. 将咖啡豆放入电动磨豆机中，将其磨成粉末（极细粉），用意式咖啡机萃取出浓缩咖啡。
2. 将冰牛奶倒入发泡钢杯中，用意式咖啡机蒸汽管打发成奶泡。
3. 在意式浓缩咖啡中倒入奶泡，左右摇晃发泡钢杯，拉出图案即可。

摩卡咖啡

/意大利/

制作时间：10分钟
难易度：★★☆

原料

牛奶250毫升
咖啡豆15克
巧克力酱适量
打发好的淡奶油适量
焦糖浆少许
肉桂粉少许
蒸馏水50毫升

制作步骤

1. 将中度研磨的咖啡粉放入粉槽中。
2. 往摩卡壶的下座倒入50毫升蒸馏水，将粉槽安装到咖啡壶下座上，再将上座与下座连接起来，上火加热3~5分钟。
3. 咖啡杯中倒入巧克力酱，再倒入咖啡，倒入加热至40℃的牛奶拌匀。
4. 挤上打发好的淡奶油，淋上适量巧克力酱、焦糖浆，撒上少许肉桂粉即可。

焦糖玛奇朵

/ 意大利 /

制作时间：10分钟
难易度：★★☆

原料

意式浓缩咖啡30毫升
香草糖浆10克
牛奶150毫升
焦糖酱适量

制作步骤

1. 将意式浓缩咖啡倒入咖啡杯中。
2. 将牛奶倒入发泡钢杯中，用意式咖啡机蒸汽管打发成奶泡。
3. 咖啡杯中挤入香草糖浆。
4. 倒入奶泡，再挤上焦糖酱装饰即可。

“Macchiato”在意大利文里的意思是“烙印”和“印染”，在奶泡上挤上了网格图案的焦糖，就像盖上了印章，是“甜蜜的印记”。

阿芙佳朵咖啡

/意大利/

制作时间：10分钟
难易度：★★☆

原料

咖啡豆15克
冰激凌适量
冷水适量

制作步骤

1. 将咖啡豆放入磨豆机中，磨成粉状，放入摩卡壶的粉槽中。
2. 往摩卡壶的下座倒入冷水，将粉槽安装到咖啡壶下座上，再将咖啡壶的上座与下座连接起来。
3. 在煤气炉上加热3~5分钟，直至咖啡往外溢出为止。
4. 取下咖啡壶，将咖啡倒入装有冰激凌的杯子中即可。

炎炎夏日，有一种幸福叫“阿芙佳朵”！纯手工制作的凉爽甜香原味冰激凌，搭配上饱满绵柔、酸苦均衡的咖啡，让这个夏天引爆你的味觉盛宴！

可塔朵咖啡

/ 西班牙 /

制作时间：10分钟

难易度：★★☆

原料

浓缩咖啡60毫升

牛奶30毫升

制作步骤

1. 将浓缩咖啡倒入咖啡杯中。
2. 将牛奶倒入发泡钢杯中，用意式咖啡机蒸汽管加热。
3. 在意式浓缩咖啡中倒入热牛奶即可。

桑格利亚汽酒

/ 西班牙 /

制作时间：1天
难易度：★★☆

原料

西班牙红葡萄酒300毫升
白朗姆酒30毫升
糖浆60毫升
苏打水250毫升
苹果120克
橙子300克
石榴100克
肉桂1段
丁香2克
细砂糖少许

制作步骤

1. 将苹果、橙子切成薄片，再切成小块。
2. 在瓶中放入丁香、肉桂、苹果、橙子、石榴、糖浆、白朗姆酒、西班牙红葡萄酒，搅拌均匀，放入冰箱冷藏一夜。
3. 在杯沿蘸少许酒液，再扣在细砂糖上，即成糖圈。
4. 取出瓶子，倒入苏打水，将酒液倒入杯中即可。

西班牙炼乳咖啡

/ 西班牙 /

制作时间：5分钟
难易度：★★☆

原料

咖啡豆20克

炼乳30克

制作步骤

1. 将炼乳倒入咖啡杯中。
2. 将咖啡豆放入电动磨豆机中，将其磨成粉末（极细粉）。
3. 将咖啡粉放入滤器中，用压粉器稍稍压平咖啡粉的表面，再用平整机在咖啡粉上按压，至表面平整。
4. 将滤器安装在意式咖啡机上，将萃取好的咖啡液接入杯子中。
5. 将热浓缩咖啡沿杯壁缓慢倒入杯中，做出分层效果即可。

西班牙的清晨伴随着小分量早餐和一杯特色咖啡，地中海的阳光伴随着西西里的柠檬味洒满整个国度。

弗拉普咖啡

/ 希腊 /

制作时间：5分钟
难易度：★★☆

原料

速溶咖啡粉4克
白砂糖4克
冰牛奶适量
冰块适量
蒸馏水25毫升

制作步骤

1. 将速溶咖啡粉、白砂糖、25毫升蒸馏水倒入波士顿摇酒壶中，放满冰块。
2. 盖上摇酒壶盖，摇晃15秒，至出现大量泡沫，过滤至玻璃杯中。
3. 再倒入少许冰块，注满冰牛奶即可。

希腊酸奶

/ 希腊 /

制作时间：1.5天
难易度：★★★

原料

巴氏杀菌牛奶1升

酸奶100克

制作步骤

1. 锅中注入清水烧沸，放入盛装器皿、乳清过滤器、勺子，煮片刻消毒，捞出沥干水分。
2. 牛奶倒入锅中，加热至40℃关火。
3. 倒入酸奶拌匀，包上保鲜膜，盖上锅盖，放入保温袋中，等待8小时。
4. 将酸奶倒入乳清过滤器中，放入冰箱冷藏12~24小时，再将做好的酸奶装入盛装器皿中即可。

黑俄罗斯人

/ 俄罗斯 /

制作时间：1分钟

难易度：★☆☆

原料

伏特加60毫升

咖啡力娇酒20毫升

冰块适量

制作步骤

1. 将冰块倒入威士忌杯中。
2. 量取伏特加转圈倒入杯中。
3. 量取咖啡力娇酒倒入杯中。
4. 用吧勺贴着杯壁轻轻绕圈搅拌即可。

这款酒由俄罗斯人喜欢的伏特加作为基酒，咖啡力娇酒给它注入了暗色调和咖啡的味道，喝起来芳香甜美，味道深邃。

莫斯科骡子

/ 俄罗斯 /

制作时间：1分钟
难易度：★☆☆

原料

伏特加45毫升
浓缩柠檬汁15毫升
姜汁汽水适量
冰块适量
青柠檬片适量
薄荷叶适量

制作步骤

1. 将冰块倒入杯中。
2. 注入量取好的伏特加，倒入量取好的浓缩柠檬汁，用吧勺轻轻搅拌。
3. 向杯中注满姜汁汽水，点缀青柠檬片、薄荷叶即可。

哈瓦尔拿铁

/ 俄罗斯 /

制作时间：5分钟

难易度：★★☆

原料

浓缩咖啡60毫升

牛奶90毫升

芝麻酥糖少许

芝麻少许

制作步骤

1. 将浓缩咖啡倒入杯中。
2. 将牛奶倒入发泡钢杯中，用意式咖啡机蒸汽管将其打发成奶泡。
3. 将奶泡倒入杯中，撒上芝麻酥糖、芝麻即可。

热小豆蔻可可

/ 白俄罗斯 /

制作时间：15分钟
难易度：★★☆

原料

牛奶200毫升
巧克力50克
白兰地5毫升
小豆蔻2个
方糖2块

制作步骤

1. 将牛奶倒入奶锅中，用小火煮至即将沸腾。
2. 倒入巧克力、小豆蔻、方糖搅拌均匀，煮至巧克力溶化。
3. 关火，淋入白兰地拌匀即可。

石榴苹果汁

/阿塞拜疆/

制作时间：5分钟
难易度：★☆☆

原料

石榴150克
苹果50克
柠檬20克
蒸馏水适量

制作步骤

1. 石榴剥出果粒；苹果去核，切块；柠檬挤出汁。
2. 将石榴果粒、苹果块、柠檬汁倒入榨汁机中，注入适量蒸馏水，榨取果汁，过滤即可。

体验热情张扬的美洲风味

外来文化与本土文化的融合，
造就了美洲极富地域特色的饮品。
陶壶煮的咖啡，
禁酒令时期诞生的鸡尾酒，
带着创造精神与传承继往开来。

玛格丽特

/美国/

制作时间：5分钟

难易度：★★★

原料

龙舌兰50毫升

君度力娇酒20毫升

浓缩柠檬汁30毫升

糖浆20毫升

青柠檬适量

盐适量

冰块适量

制作步骤

1. 青柠檬切瓣，切去芯部，环绕冷藏过的玛格丽特杯沿擦一圈，倒置杯子，扣在盐上，制成盐圈。
2. 量取浓缩柠檬汁、糖浆、君度力娇酒、龙舌兰倒入摇酒壶中，加入适量冰块，盖好摇酒壶，压紧，剧烈摇晃15秒。
3. 打开摇酒壶，盖上过滤器，再放好滤网，把鸡尾酒倒入玛格丽特杯中。
4. 在青柠檬瓣中间切一个口，点缀在杯沿上即可。

这是一位调酒师献给他意外去世的恋人的鸡尾酒，以其恋人的名字命名。略带酸咸的口感，容易让人联想到凄美的爱情。其口味适中，还有龙舌兰的标配——盐圈。

性感沙滩

/ 美国 /

制作时间：3分钟

难易度：★★☆

原料

伏特加45毫升

水蜜桃汁30毫升

浓缩柠檬汁20毫升

蔓越莓汁30毫升

橙汁30毫升

冰块适量

橙子适量

樱桃适量

制作步骤

1. 量取伏特加、水蜜桃汁、浓缩柠檬汁、蔓越莓汁、橙汁，倒入摇酒壶中，加入适量冰块；再往飓风杯中装满冰块。
2. 盖好摇酒壶，压紧，剧烈摇晃15秒；打开摇酒壶，盖上过滤器，把鸡尾酒倒入飓风杯中。
3. 将橙子切下一片，中间切一个口，点缀在杯沿。
4. 将樱桃切一个口，点缀在杯沿即可。

这款鸡尾酒的基酒带来了北国的热情，水蜜桃与蔓越莓的加入又带来了夏日风情，其口味偏甜，也可以使用水蜜桃力娇酒调制。

大都会

/ 美国 /

制作时间：3分钟
难易度：★★☆

原料

伏特加45毫升
君度力娇酒15毫升
蔓越莓汁30毫升
浓缩柠檬汁15毫升
糖浆10毫升
冰块适量
青柠檬适量

制作步骤

1. 量取浓缩柠檬汁、糖浆、蔓越莓汁、君度力娇酒、伏特加倒入摇酒壶中。
2. 加入适量冰块，盖好摇酒壶，压紧，剧烈摇晃15秒，打开摇酒壶，盖上过滤器，倒入冷藏好的鸡尾酒杯中。
3. 取青柠檬点缀在杯沿上即可。

长岛冰茶

/美国/

制作时间：2分钟

难易度：★☆☆

原料

干金酒20毫升

伏特加20毫升

白朗姆酒20毫升

龙舌兰20毫升

君度力娇酒20毫升

浓缩柠檬汁30毫升

糖浆20毫升

可乐适量

冰块适量

柠檬适量

制作步骤

1. 柠檬切成瓣，切去芯部。
2. 在杯中倒入少量冰块，再倒入量取好的龙舌兰、伏特加、干金酒、白朗姆酒、君度力娇酒、糖浆、浓缩柠檬汁，倒入剩余冰块，用吧勺搅拌片刻。
3. 取切好的柠檬，挤入柠檬汁，再把柠檬放入杯中，注满可乐，用吧勺轻轻绕圈搅拌即可。

曼哈顿

/美国/

制作时间：3分钟

难易度：★★☆

原料

威士忌45毫升

红威末酒15毫升

安格斯图拉苦精酒3滴

冰块适量

柠檬皮适量

樱桃适量

制作步骤

1. 量取威士忌、红威末酒倒入摇酒壶中，将安格斯图拉苦精酒滴入摇酒壶中。
2. 加入冰块，盖好摇酒壶，压紧，将摇酒壶剧烈摇晃15秒。
3. 打开摇酒壶，盖上过滤器，再放好滤网，把鸡尾酒倒入冷藏好的鸡尾酒杯中。
4. 柠檬皮削成长条状，将柠檬皮在酒杯上方卷起，使柠檬皮汁喷射入杯中，再把柠檬皮点缀入杯中，最后放入樱桃即可。

传说这是一个发生在纽约的故事。英国首相丘吉尔的母亲指导一位曼哈顿酒吧的调酒师设计出了这款酒，它与马天尼齐名，淡淡的苦味中伴有甘甜的酒香，点缀的樱桃也分外优雅，被誉为“鸡尾酒皇后”。

红粉佳人

/美国/

制作时间：3分钟
难易度：★★☆

原料

- 干金酒45毫升
- 石榴糖浆5毫升
- 浓缩柠檬汁15毫升
- 鸡蛋1个
- 牛奶30毫升
- 冰块适量
- 樱桃适量

制作步骤

1. 量取干金酒、浓缩柠檬汁、石榴糖浆、牛奶，倒入摇酒壶中。
2. 打开鸡蛋，取蛋清倒入摇酒壶中，加入冰块，盖好摇酒壶，压紧，将摇酒壶倒置，剧烈摇晃15秒。
3. 打开摇酒壶，盖上过滤器，再放好滤网，把调好的鸡尾酒倒入冷藏好的鸡尾酒杯中。
4. 点缀樱桃即可。

著名舞台剧《红粉佳人》上演后，女主角将这款粉红色的美艳鸡尾酒带到世人面前，它可爱的颜色一如红粉佳人的美貌，酸甜的口感和蛋清的爽滑让这款酒别具风味。

菠萝蔓越莓特饮

/美国/

制作时间：1分钟

难易度：★☆☆

原料

菠萝粒30克

蔓越莓20克

冰块20克

雪碧500毫升

制作步骤

1. 在备好的玻璃杯中，放入菠萝粒、蔓越莓。
2. 倒入雪碧。
3. 放入冰块。
4. 搅拌均匀即可。

棉花糖热可可

/美国/

制作时间：1分钟

难易度：★☆☆

原料

可可粉20克

热水适量

白砂糖适量

棉花糖适量

打发的淡奶油适量

制作步骤

1. 将可可粉和白砂糖倒入杯中。
2. 倒入适量热水，搅拌均匀。
3. 挤上打发的淡奶油，撒上棉花糖即可。

美式咖啡

/美国/

制作时间：10分钟
难易度：★★☆

原料

咖啡豆18克
60°C热水300毫升
冷水80毫升

制作步骤

1. 将咖啡豆放入磨豆机中，将其磨成粉状（中度粉），放入摩卡壶的粉槽中，压紧。
2. 往摩卡壶的下座倒入80毫升冷水，将粉槽安装到咖啡壶下座上，再将上座与下座连接起来，放在煤气炉上加热3~5分钟。
3. 咖啡煮好后将摩卡壶从煤气炉上取下，将咖啡倒入玻璃杯中。
4. 加入60°C的热水，搅拌均匀即可。

美式咖啡不厚重的丝丝咖啡香正是让人着迷的地方。随性自由的美国大兵创造了它，决定了它独特的清淡口味。

氮气冷萃咖啡

/美国/

制作时间：10分钟
难易度：★★★

原料

咖啡豆20克

冰块适量

制作步骤

1. 将咖啡豆磨成咖啡粉。
2. 在手冲壶中放入冰块，冲入咖啡，制作出冷萃咖啡。
3. 将咖啡液倒入奶油枪中，装好气弹，打出咖啡即可。

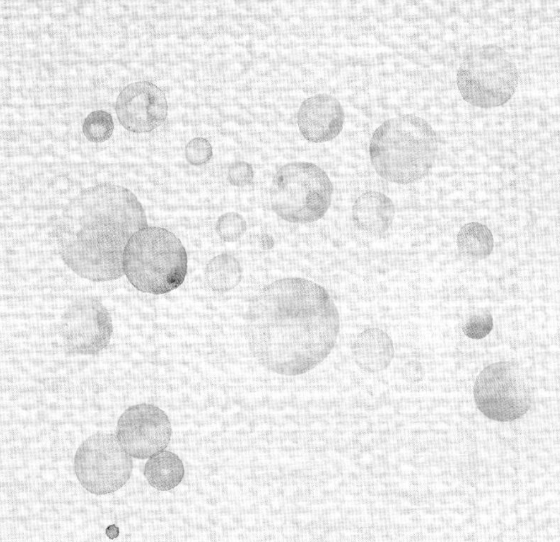

菊苣咖啡

/美国/

制作时间：30分钟

难易度：★★☆

原料

干燥菊苣根适量

粗磨咖啡粉适量

热水适量

制作步骤

1. 将干燥菊苣根切碎，放入烤箱，以350℃烤至呈金黄色，取出。
2. 把烤好的干燥菊苣根和粗磨的咖啡粉混合。
3. 用热水冲取咖啡即可。

奶油南瓜拿铁

/ 美国 /

制作时间：15分钟

难易度：★★☆

原料

浓缩咖啡30毫升

南瓜200克

蜂蜜10克

冰牛奶150毫升

打发鲜奶油适量

肉桂粉适量

开水适量

制作步骤

1. 南瓜去皮，切块，蒸熟后放入搅拌机，搅拌均匀。
2. 将冰牛奶、蜂蜜和开水一起放入发泡钢杯中，用意式咖啡机蒸汽管加热至约65℃，直到牛奶发泡。
3. 将浓缩咖啡注入咖啡杯中，再缓缓注入鲜奶油混合物、南瓜糊拌匀。
4. 挤入打发鲜奶油，撒上肉桂粉即可。

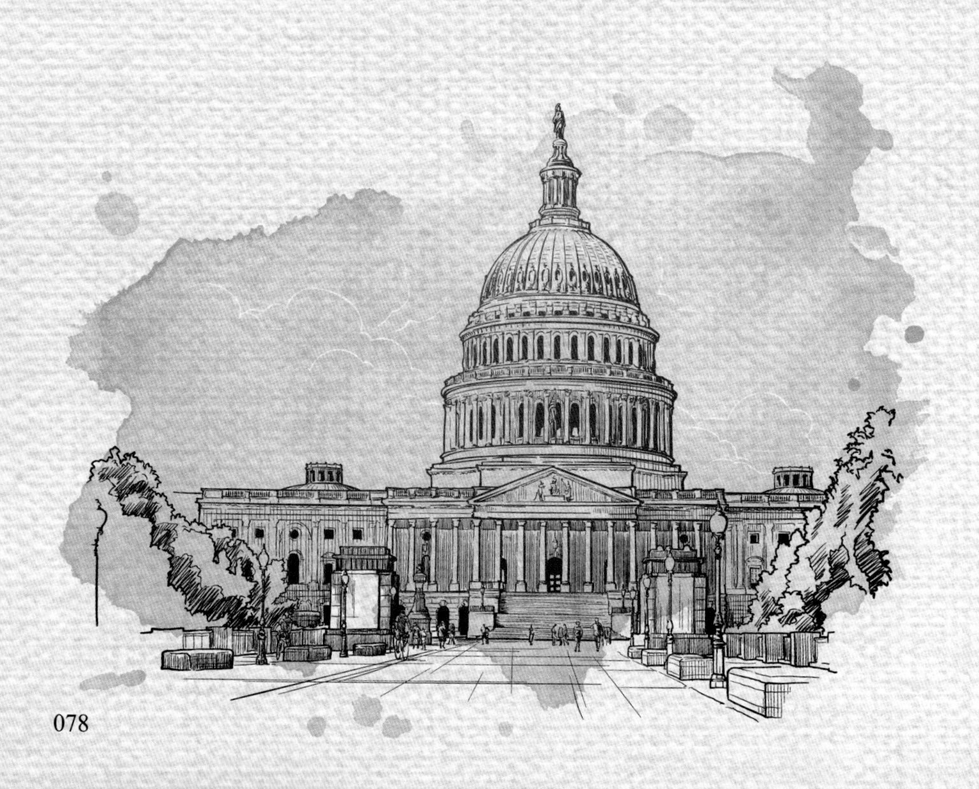

南瓜在北美是非常重要的蔬菜，甚至有专门属于它的节日——万圣节（每年十月的最后一天）。在万圣节用南瓜灯装点才更应景。

南瓜玉米奶昔

/美国/

制作时间：20分钟
难易度：★★☆

原料

南瓜150克
玉米粒60克
肉桂粉少许
牛奶100毫升

制作步骤

1. 南瓜去皮，切成小块。
2. 将南瓜和玉米粒一起倒入沸水锅中，焯至断生，捞出。
3. 将南瓜和玉米粒放入榨汁机，倒入牛奶，搅打成奶昔。
4. 倒入杯中，撒上肉桂粉即可。

巧克力奶昔

/美国/

制作时间：10分钟
难易度：★☆☆

原料

可可粉、细砂糖各30克
固体酸奶200克
冰块、巧克力酱各少许
打发的淡奶油适量
杏仁适量

制作步骤

1. 将可可粉、细砂糖、冰块倒入搅拌机中，搅打至冰块成碎块。
2. 倒入固体酸奶，再搅打至材料顺滑，倒入杯中。
3. 倒入打发的淡奶油，淋上巧克力酱，撒上杏仁点缀即可。

百里香枫糖水

/加拿大/

制作时间：2.5小时
难易度：★★☆

原料

柠檬10克
鲜百里香5克
枫糖浆15克
蒸馏水适量

制作步骤

1. 柠檬洗净切块。
2. 将柠檬块放入榨汁机中，倒入蒸馏水，榨取柠檬果汁，过滤后倒入杯中。
3. 淋入枫糖浆。
4. 放入鲜百里香，冷藏2小时即可。

在加拿大这个遍布枫树的国度，空气中也飘浮着枫糖的甜香味道。这款果汁搭配着柠檬和百里香的清新味道，如凛冽的寒风中森林的味道。

斗牛士

/ 墨西哥 /

制作时间：4分钟

难易度：★★☆

原料

龙舌兰45毫升

菠萝汁30毫升

浓缩柠檬汁10毫升

青柠檬适量

冰块适量

制作步骤

1. 量取龙舌兰、浓缩柠檬汁、菠萝汁倒入摇酒壶中，加入适量冰块。
2. 在威士忌杯中装入半杯冰块。
3. 盖好摇酒壶，压紧，剧烈摇晃15秒；打开摇酒壶，盖上过滤器，把鸡尾酒倒入威士忌杯中。
4. 青柠檬切片，点缀在酒杯中即可。

这款鸡尾酒口味偏甜，加入了柠檬与菠萝汁，还可点缀菠萝果肉。这款酒让炎热的夏季充满了清爽气息，风味极佳。

龙舌兰日出

/墨西哥/

制作时间：3分钟
难易度：★★★

原料

龙舌兰60毫升
石榴糖浆适量
橙汁适量
橙子适量
冰块适量

制作步骤

1. 在飓风杯中倒入冰块，倒入量取好的龙舌兰酒。
2. 用吧勺缓缓导入量取好的橙汁。
3. 用分层法倒入石榴糖浆使其沉入杯底。
4. 橙子切片，中间切一个小口，点缀在杯沿即可。

这款鸡尾酒的颜色像墨西哥的日出一样鲜明，颜色非常有层次感，口味也偏向于果汁。除橙子外，也可用其他水果点缀杯口。滚石乐队巡演时邂逅它，并将它介绍给了全世界。

陶壶咖啡

/ 墨西哥 /

制作时间：10分钟

难易度：★★☆

原料

咖啡粉20克

肉桂棒1根

八角1个

墨西哥粗糖适量

蒸馏水200毫升

制作步骤

1. 将200毫升蒸馏水、肉桂棒、八角、墨西哥粗糖倒入陶罐中，小火煮沸。
2. 再倒入咖啡粉煮3分钟。
3. 过滤煮好的咖啡，装入陶壶中即可。

古巴咖啡

/ 古巴 /

制作时间：30分钟
难易度：★★★

原料

咖啡粉30克
德莫拉拉糖50克
蒸馏水适量

制作步骤

1. 将咖啡粉放入注有蒸馏水的摩卡壶中，加热萃取出咖啡液。
2. 将德莫拉拉糖放入杯中，加入咖啡液，搅拌均匀，重复5次至糖成糊状。
3. 将咖啡液倒入糖糊中，搅拌均匀即可。

莫吉托

/古巴/

制作时间：10分钟
难易度：★★★

原料

白朗姆酒60毫升
浓缩柠檬汁20毫升
白砂糖50克
热水150毫升
青柠檬1个
苏打水适量
薄荷枝叶适量
冰块适量

制作步骤

1. 把白砂糖倒入杯中，注入150毫升热水，搅拌均匀，制成糖浆，冷却备用；将青柠檬切成瓣，切去芯部。
2. 薄荷取枝叶，拍几下，放入海波杯中，挤入青柠檬汁，再把青柠檬放入杯中，用捣棒压碎杯中的材料。
3. 再量取30毫升制好的糖浆、20毫升浓缩柠檬汁、60毫升白朗姆酒注入杯中，用吧勺搅拌均匀。
4. 杯中倒满冰块，用吧勺将底部材料搅拌上移，最后注满苏打水，点缀薄荷叶即可。

相传15世纪的印度洋海盗弗朗西斯·德雷克喜欢把朗姆酒、糖、薄荷混合饮用。其口味适中，薄荷与青柠檬的清凉，朗姆与碳酸的激爽，实为夏日必备。欧内斯特·海明威也喜欢这种酒，便将其传播开来。

自由古巴

/ 古巴 /

制作时间：2分钟
难易度：★★☆

原料

白朗姆酒45毫升
浓缩柠檬汁10毫升
青柠檬适量
可乐适量
冰块适量

制作步骤

1. 将青柠檬切成瓣，切去芯部。
2. 把冰块倒入柯林杯中，挤入适量青柠檬汁，再把青柠檬放入杯中。
3. 量取浓缩柠檬汁，倒入杯中，再倒入量取好的白朗姆酒。
4. 向杯中注满可乐即可。

这款诞生于古巴独立时期的饮品，使用了古巴的朗姆酒和美国的可乐，口味适中，被命名为当时流行的口号——自由古巴。

代基里

/ 古巴 /

制作时间：4分钟
难易度：★★☆

原料

白朗姆酒60毫升
君度力娇酒15毫升
浓缩柠檬汁30毫升
糖浆10毫升
青柠檬适量
冰块适量

制作步骤

1. 量取浓缩柠檬汁、糖浆、君度力娇酒、白朗姆酒倒入摇酒壶中。
2. 青柠檬切片，中间切一个口，在摇酒壶上拧挤出汁，再将挤汁后的青柠檬放入摇酒壶中，加入冰块，盖好摇酒壶，压紧。
3. 将摇酒壶剧烈摇晃15秒；打开摇酒壶，盖上过滤器，再放好滤网，把鸡尾酒倒入冷藏好的鸡尾酒杯中。
4. 青柠檬切片，中间再切一个口，点缀在鸡尾酒杯上即可。

这是来自夏日矿山的一款鸡尾酒消暑饮料，有人称其为朗姆基酒的巅峰之作。其度数偏高，口味偏辣，朗姆酒与青柠檬汁的搭配，使这款酒清凉感十足。

薄荷朱丽酒

/巴西/

制作时间：5分钟
难易度：★★☆

原料

波本威士忌60毫升
白砂糖10克
矿泉水20毫升
碎冰块适量
薄荷叶适量

制作步骤

1. 将薄荷、白砂糖倒入杯中，加入量取好的矿泉水和10毫升威士忌。
2. 把杯中材料用捣棒捣碎，倒入碎冰块。
3. 注入剩余的威士忌，点缀薄荷叶即可。

凯匹林纳

/ 巴西 /

制作时间：2分钟
难易度：★☆☆

原料

白朗姆酒（卡萨莎51甘蔗酒）50毫升
青柠檬半个
白砂糖20克
冰块适量

制作步骤

1. 将青柠檬切成小块，放入杯中，倒入备好的白砂糖，再把青柠檬用捣棒捣碎。
2. 放入冰块，倒入量取好的白朗姆酒。
3. 用吧勺搅拌片刻，插入2根短吸管即可。

皮斯科酸酒

/ 秘鲁 /

制作时间：4分钟
难易度：★★☆

原料

皮斯科白兰地60毫升
甘蔗糖浆30毫升
浓缩柠檬汁30毫升
鸡蛋1个
安格斯特拉苦精酒5滴
冰块适量
青柠檬块少许

制作步骤

1. 量取浓缩柠檬汁、甘蔗糖浆、皮斯科白兰地倒入摇酒壶中。
2. 鸡蛋取蛋清，倒入摇酒壶中。
3. 加入适量冰块，盖好摇酒壶，压紧，剧烈摇晃15秒。
4. 打开摇酒壶，盖上过滤器，倒入冷藏好的酒杯中，滴入安格斯特拉苦精酒，点缀青柠檬块即可。

葡萄酿造的白兰地具有
优雅的果香和陈酿的木
香，加入柠檬与糖浆，
口味适中，酸味十足，
甘美醇厚。

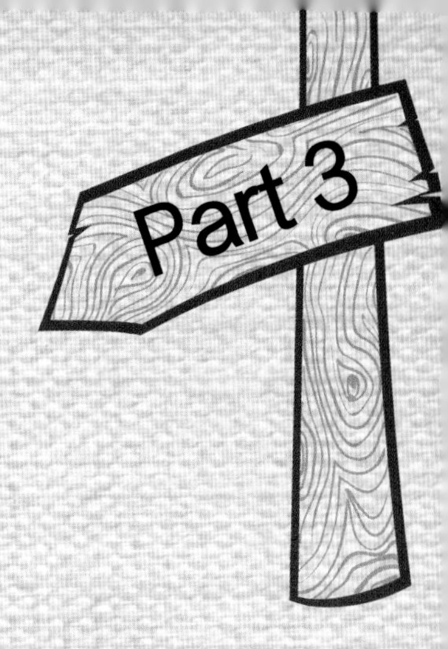

慢品亚洲独特的酒与茶

中亚的异域风情，

东亚的酒与茶，

南亚、东南亚的香料与咖啡文化，

还有品种丰富的水果，

这些都让亚洲饮品呈现百花齐放的景象。

木瓜杏仁奶

/ 中国 /

制作时间：15分钟
难易度：★★☆

原料

木瓜200克
温水100毫升
杏仁粉60克
糯米粉25克
冰糖20克
牛奶200毫升

制作步骤

1. 处理好的木瓜装入榨汁机中，榨成泥。
2. 温水中倒入糯米粉，搅拌均匀。
3. 锅中倒入牛奶，小火加热，有热度后倒入糯米汁，搅拌均匀。
4. 加入杏仁粉、冰糖，搅拌均匀后倒入杯中，加入木瓜泥，用保鲜膜封口后，放入冰箱冷藏一段时间，即可食用。

“投我以木瓜，报之以琼琚。匪报也，永以为好也。”甜蜜的木瓜与香浓的牛奶碰撞出神奇的火花，给人带来整天的好心情。

鸳鸯咖啡

/ 中国 /

制作时间：1分钟
难易度：★☆☆

原料

红茶水30毫升
黑咖啡30毫升
炼乳少许

制作步骤

1. 将炼乳倒入杯中。
2. 在杯中注入红茶水。
3. 再注入黑咖啡，搅拌均匀即可。

红薯杏仁豆浆

/ 中国 /

制作时间：20分钟

难易度：★★☆

原料

红心红薯200克

杏仁5克

水发黄豆30克

制作步骤

1. 红心红薯削皮，切成小块。
2. 蒸锅注水烧热，放入红薯块，蒸至熟透，取出。
3. 将水发黄豆倒入榨汁机，研磨、煮制15分钟。
4. 再把熟透的红薯和杏仁放入榨汁机中打成汁，过滤好即可。

蜂蜜百香果绿茶

/中国/

制作时间：10分钟
难易度：★☆☆

原料

百香果50克
蜂蜜15克
开水250毫升
绿茶10克

制作步骤

1. 将百香果切开，挖出果肉，备用。
2. 往放了绿茶的杯中注入开水，泡3分钟，过滤掉茶叶，放凉。
3. 取一个杯子，将百香果肉倒入杯中，注入茶水。
4. 加入蜂蜜，拌匀即可。

这是一款中西合璧的饮品，西方的百香果搭配中式传统的绿茶，席卷味蕾，给人带来不一样的味觉体验。

柠檬梅子绿茶

/中国/

制作时间：10分钟
难易度：★☆☆

原料

青柠檬30克
青梅10克
热水200毫升
绿茶粉5克
冰块适量
薄荷叶适量

制作步骤

1. 将青柠檬对半切开，再切成片；青梅去核。
2. 将绿茶粉倒入热水中，缓慢搅拌均匀，放凉。
3. 再放入青柠檬片、青梅、薄荷叶、冰块即可。

杂果冷泡茶

/ 中国 /

制作时间：4~8小时
难易度：★★☆

原料

柠檬30克
橙子150克
树莓30克
薄荷叶5克
绿茶1包
蒸馏水适量

制作步骤

1. 柠檬、橙子切片。
2. 备好杯子，放入柠檬片、橙子片、薄荷叶、树莓、茶包。
3. 注满蒸馏水。
4. 放入冰箱，冷藏4~8小时后取出茶包即可。

菊花茶

/ 中国 /

制作时间：5分钟

难易度：★☆☆

原料

菊花10克

冰糖10克

蒸馏水适量

制作步骤

1. 壶中注入适量蒸馏水烧开，备用。
2. 将菊花放入杯中，倒入少许热水，烫10秒钟，将水倒出。
3. 再倒入热水，冲泡至菊花完全展开。
4. 饮用前加入少许冰糖搅拌均匀即可。

菊花茶是一种清火明目的饮品。经常选用黄山贡菊、杭白菊、昆仑雪菊等，味道各有千秋。

桂花酒酿

/中国/

制作时间：20分钟

难易度：★★★

原料

糯米粉50克

酒酿1罐

干桂花5克

蒸馏水少许

制作步骤

1. 往糯米粉中加入少许蒸馏水，揉成面团，再揪成小剂子，揉成小圆子。
2. 锅中注入适量清水烧开，倒入小圆子，煮至浮起。
3. 滤入酒酿液体，煮片刻，盛出。
4. 撒上少许干桂花即可。

可乐煲姜

/中国/

制作时间：5分钟

难易度：★★☆

原料

姜50克

可乐300毫升

制作步骤

1. 姜去皮，切成厚片。
2. 锅中倒入可乐，放入姜片，用大火煮5分钟。
3. 关火，捞出姜片，将煮好的可乐倒入杯中，趁热饮用即可。

冰镇珍珠奶茶

/ 中国 /

制作时间：35分钟
难易度：★★☆

原料

牛奶100毫升
淡奶60毫升
白糖15克
红茶包1包
白糖15克
开水适量
冰块适量
熟珍珠粉圆适量

制作步骤

1. 往装开水的杯中放入红茶包，浸泡3分钟左右，泡出红茶水。
2. 取一空杯，倒入适量红茶水，加入牛奶，倒入淡奶，加入白糖，搅拌至白糖溶化。
3. 放入熟的珍珠粉圆，封上保鲜膜，放入冰箱冷藏30分钟。
4. 取出冰镇好的奶茶，撕开保鲜膜，加入冰块即可。

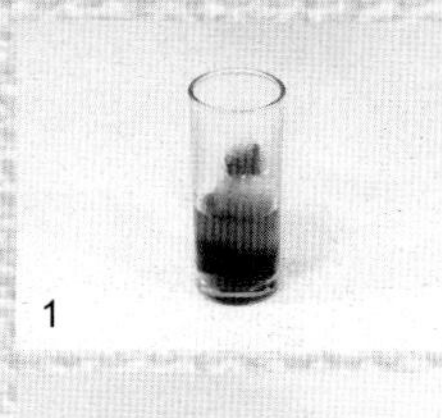
1

2

3

4

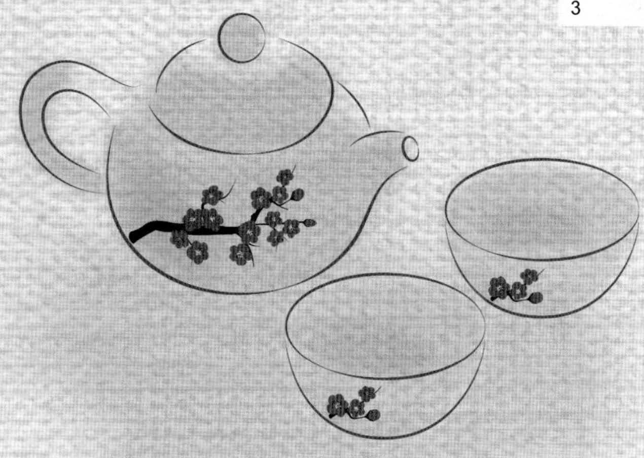

珍珠粉圆爽口有嚼劲，冰镇奶茶顺滑醇厚。在炎热的夏季，一杯冰镇珍珠奶茶是很好的消暑饮品。

凉茶

/ 中国 /

制作时间：35分钟
难易度：★★☆

原料

金银花25克
夏枯草25克
蒲公英25克
白菊花25克
生地15克
鱼腥草15克
蒸馏水900毫升

制作步骤

1. 将金银花、夏枯草、蒲公英、白菊花、生地、鱼腥草清洗干净，再用冷水浸泡20分钟。
2. 取瓦罐，放入洗好的原料，倒入900毫升蒸馏水，大火煮开。
3. 转小火，再煮约30分钟，捞出原料，即成凉茶。

酥油茶

/ 中国 /

制作时间：15分钟
难易度：★★☆

原料

黑茶砖5克
盐0.5克
酥油2克
清水300毫升

制作步骤

1. 黑茶砖掰碎。
2. 锅中注入300毫升清水烧开，放入黑茶砖碎，煮至茶水呈黑色。
3. 放入盐、酥油，搅拌片刻，过滤即可。

杨枝甘露

/中国/

制作时间：20分钟

难易度：★★☆

原料

芒果350克

西柚50克

椰浆100克

淡奶油20克

西米40克

冰糖40克

蒸馏水500毫升

制作步骤

1. 将芒果肉切丁；西柚果肉拆散成粒状。
2. 把西米、冰糖倒入碎壁机的机身玻璃杯中，再用量杯量取500毫升蒸馏水倒入机身玻璃杯中，选择“蒸煮”模式，煮至熟透，待机器停止运作，捞出，装入碗中。
3. 在破壁机中倒入椰浆、淡奶油，再放入部分芒果肉，盖上蒸汽盖，旋紧，缓慢向右转动操作旋钮至“奶昔”灯亮起，按一下“启动/停止”键，等待机器运作。
4. 待机器停止运作，关掉电源，打开杯盖，倒入碗中，再撒上剩余芒果肉，点缀西柚果粒即可。

杨枝甘露作为传统的粤式甜品，广受各个年龄段的人的欢迎。乍暖还寒时，一碗温热的杨枝甘露，颜色鲜明、酸甜爽滑、温暖脾胃、滋养身心。就让这款甜品，给南方阴雨绵绵的春季增加一抹亮色吧！

抹茶拿铁

/ 日本 /

制作时间：10分钟

难易度：★★☆

原料

抹茶粉25克

牛奶200毫升

糖浆15克

蒸馏水少许

制作步骤

1. 将抹茶粉倒入杯中，加入少许蒸馏水，搅拌均匀。
2. 把牛奶、糖浆倒入发泡钢杯中，用意式咖啡机蒸汽管加热至约65℃，将其打发至起泡。
3. 将加热好的牛奶以转圈形式缓缓倒入杯中。
4. 倒入总量超过杯子一半时，压低发泡钢杯，左右晃动奶泡，拉出图案装饰即可。

梅子酒

/日本/

制作时间：3个月
难易度：★★★

原料

青梅200克
白酒适量
冰糖适量

制作步骤

1. 青梅用清水浸泡6小时，去蒂，晾干，在表面刺一些小孔。
2. 容器煮沸消毒，取出晾干，铺一层青梅，再铺一层冰糖，依次铺到瓶身3/4处，倒满白酒，封上保鲜膜，盖上盖子，置于阴凉处，隔1周左右摇晃片刻，约3个月即可饮用。

蜂蜜柚子茶

/ 韩国 /

制作时间：20分钟
难易度：★★☆

原料

柚子1个
蜂蜜50克
冰糖50克
盐适量

制作步骤

1. 用盐擦洗柚子表皮并用清水洗净，削下外皮切成丝，果肉撕碎；将柚子皮倒入锅中，加入清水，开大火，加盐煮至透明状捞出；另起锅，将果肉煮软后捞出。
2. 将柚子皮倒入锅中，加入适量冰糖、清水煮至稠状，倒入罐子中，加入适量蜂蜜，密封后冷藏。饮用时加入清水拌匀即可。

越南鸡蛋咖啡

/ 越南 /

制作时间：1天
难易度：★★★

原料

咖啡粉15克
鸡蛋1个
炼乳少许

制作步骤

1. 用滴滤壶冲泡杯黑咖啡，倒入咖啡杯中。
2. 将鸡蛋的蛋清和蛋黄分离，将蛋黄用电动打蛋器打发至颜色发白，体积膨胀至3倍。
3. 再向咖啡杯中倒入炼乳，加入打发的蛋黄，饮用前搅拌均匀即可。

越南咖啡

/ 越南 /

制作时间：30分钟
难易度：★★☆

原料

越南咖啡豆12克

热水150毫升

炼乳适量

制作步骤

1. 将咖啡豆放入磨豆机中，磨成粉状（比细砂糖粗一些的粉末）。
2. 在玻璃杯底部倒入炼乳，铺满杯底。
3. 用少量热水润湿滴滤壶，放入研磨好的咖啡粉，轻轻晃一下，使咖啡粉平整，放入压板，轻轻按压。
4. 往滴滤壶中倒热水，盖上盖，放置在装有炼乳的杯子上方，待热水全部滴落下来，萃取结束后取下滴滤壶，饮用时搅拌均匀即可。

Vietnam

“越南有三宝”，奥黛、咖啡和摩托。一个标准的西贡式夜晚，就应该找个咖啡馆坐下，一边饮着咖啡，一边看满街的奥黛少女。

新加坡司令

/ 新加坡 /

制作时间：4分钟

难易度：★★☆

原料

- 干金酒60毫升
- 君度力娇酒15毫升
- 法国廊酒5毫升
- 石榴糖浆5毫升
- 樱桃白兰地力娇酒5毫升
- 浓缩柠檬汁30毫升
- 樱桃适量
- 苏打水适量
- 冰块适量

制作步骤

1. 将量取好的干金酒、石榴糖浆、浓缩柠檬汁、君度力娇酒、法国廊酒、樱桃白兰地力娇酒倒入摇酒壶中。
2. 加入适量冰块，盖好摇酒壶，压紧，剧烈摇晃15秒。
3. 打开摇酒壶，盖上过滤器，再放好滤网。
4. 把鸡尾酒倒入装满冰块的飓风杯中，注满苏打水，点缀樱桃即可。

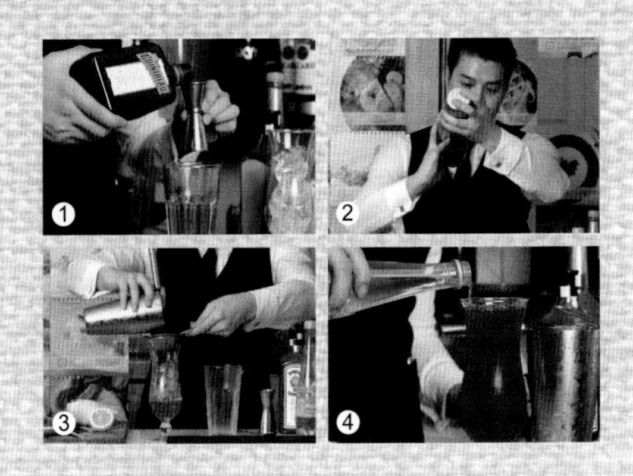

这款酒最初由新加坡莱佛士酒店的调酒师发明，后经简化改良，被传承下来。其口味偏甜，经典的配方带来了华丽的视觉体验与美好的味蕾享受。

白咖啡

/ 马来西亚 /

制作时间：1分钟

难易度：★☆☆

原料

白咖啡粉40克

热水200毫升

制作步骤

1. 将白咖啡粉倒入杯中。
2. 注入热水，搅拌均匀即可。

拉茶

/ 马来西亚 /

制作时间：20分钟
难易度：★★★

原料

红茶10克

黑白淡奶110毫升

炼乳5克

热水适量

制作步骤

1. 红茶用热水冲泡。
2. 将茶水滤入拉缸中，放入黑白淡奶、炼乳拌匀。
3. 用2个拉缸反复倒，拉出泡沫即可。

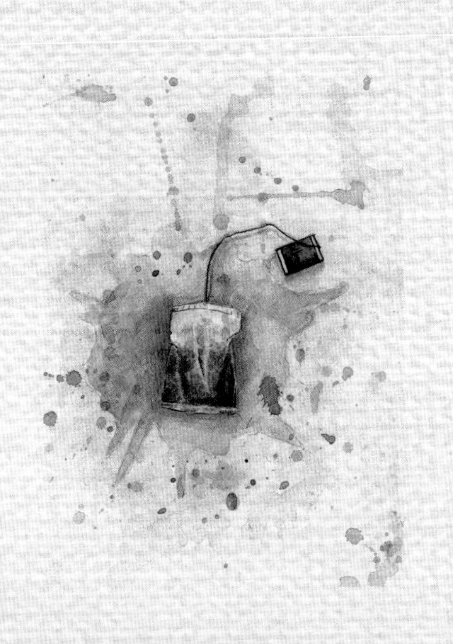

煎蕊

/ 马来西亚 /

制作时间：1分钟
难易度：★☆☆

原料

椰奶200毫升
香兰粉条80克
石榴籽适量
棕榈糖少许
冰沙适量

制作步骤

1. 将冰沙倒入碗中，倒入棕榈糖。
2. 放入香兰粉条、石榴籽。
3. 淋入椰奶，食用前搅拌均匀即可。

玛莎拉茶

/ 印度 /

制作时间：10分钟
难易度：★★☆

原料

红茶5克
姜1块
小豆蔻少许
肉桂粉少许
八角少许
牛奶200毫升
蒸馏水300毫升

制作步骤

1. 在锅中注入300毫升蒸馏水，放入拍扁的姜，煮沸。
2. 放入红茶，煮至沸腾。
3. 倒入牛奶，煮至沸腾。
4. 放入小豆蔻、肉桂粉、八角，煮5分钟，过滤好即可。

印度拿铁咖啡

/印度/

制作时间：6分钟
难易度：★★☆

原料

浓缩咖啡30毫升
红茶水60毫升
牛奶90毫升
小豆蔻粉少许

制作步骤

1. 将浓缩咖啡倒入杯中，再倒入红茶水。
2. 将牛奶用意式咖啡机打出少许奶泡。
3. 把牛奶倒入杯中。
4. 撒上少许小豆蔻粉即可。

印度咖啡充斥着香料与牛奶的风味，这样一杯温暖的咖啡，满是异域风情，温暖身心。

葡萄柚醋栗青柠檬汁

/土耳其/

制作时间：5分钟
难易度：★★☆

原料

葡萄柚150克
红醋栗40克
青柠檬20克
清水200毫升

制作步骤

1. 葡萄柚切开、去皮，再改切成块；青柠檬挤出汁。
2. 榨汁杯中倒入葡萄柚块、红醋栗。
3. 加入青柠檬汁，倒入清水。
4. 将榨汁杯安装在榨汁机上，榨取果汁，过滤入杯中即可。

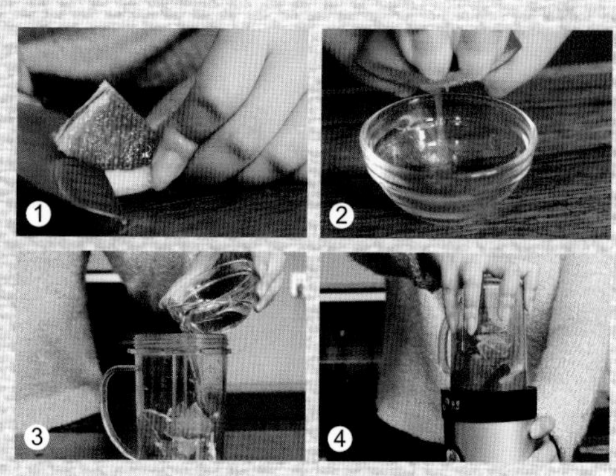

葡萄柚的清香、红醋栗的香甜、青柠檬的酸涩，让这款果汁拥有鸡尾酒的口感和沙漠烈日般的色泽。

土耳其咖啡

/ 土耳其 /

制作时间：15分钟
难易度：★★★

原料

咖啡粉（极细粉）10克

糖水180毫升

制作步骤

1. 在土耳其咖啡壶中倒入180毫升糖水，放入咖啡粉，加热搅拌。
2. 在即将沸腾（即表面出现了一层金黄色的泡沫），并迅速涌上时立即离火。
3. 待泡沫落下后再放回火上，等到水煮到只剩下原有的一半时，将上层澄清的咖啡液倒出即可。

拉克酒

/ 土耳其 /

制作时间：1分钟

难易度：★☆☆

原料

拉克酒170毫升

蒸馏水80毫升

制作步骤

1. 将拉克酒倒入杯中。
2. 加入80毫升蒸馏水搅拌均匀。
3. 配合沙拉或烤肉等食用更佳。

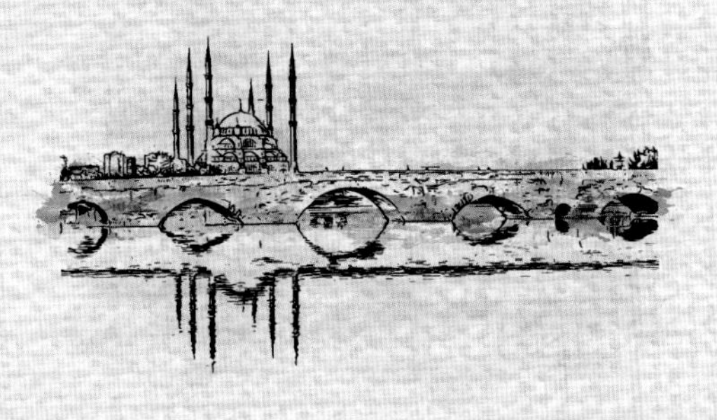

钟爱多元文化的大洋洲饮品

大洋洲环境优美、资源丰富，
盛产乳制品、海洋产品、热带水果等。
由于移民者较多，
这里的文化与饮食都呈现多元化发展趋势，
除了蔬果汁与牛奶，
葡萄酒也是其中的佼佼者。

小白咖啡

/ 新西兰 /

制作时间：6分钟

难易度：★★☆

原料

意式浓缩咖啡40毫升

牛奶20毫升

制作步骤

1. 将意式浓缩咖啡（Ristretto）倒入杯中。
2. 将牛奶用意式咖啡机打出绵密的奶泡。
3. 再把牛奶倒入浓缩咖啡中，拉出图案即可。

咖啡的魅力，即使跨越大洋也不能阻挡。小白咖啡使用当地特产的牛奶，制作出的奶泡更加绵密丰富。

浆果酸奶

/ 新西兰 /

制作时间：1分钟

难易度：★☆☆

原料

酸奶300克

蓝莓适量

黑莓适量

树莓适量

制作步骤

1. 将酸奶倒入碗中。
2. 撒上蓝莓、黑莓、树莓即可。

椰奶绵绵冰

/帕劳/

制作时间：4小时

难易度：★★★

原料

椰奶100毫升

椰果肉50克

淡奶油30克

细砂糖10克

制作步骤

1. 将椰奶、椰果肉、淡奶油、细砂糖倒入破壁料理机中，搅打成泥状。
2. 将果泥倒入模具中，冷冻成形。
3. 取出果泥冰块，放在刨冰机上，打成绵绵冰即可。

释迦冰沙

/帕劳/

制作时间：4分钟
难易度：★★☆

原料

释迦1个
炼乳20克
蜂蜜5克
冰块适量

制作步骤

1. 将释迦去皮、去核，留少许果肉，其余切块。
2. 将释迦块放入破壁料理机中，倒入炼乳、蜂蜜、冰块，搅打成冰沙。
3. 将冰沙倒入杯中，点缀释迦果肉即可。

在这个海清沙幼的岛国，除了海鲜与沙滩，水果也非常值得一试。遨游完海底世界，来一杯释迦冰沙，沁人心脾。

怪兽奶昔

/澳大利亚/

制作时间：10分钟
难易度：★★★

原料

甜菜根200克
固体酸奶600克
甜甜圈1个
蛋白糖14颗
粉色巧克力200克
淡奶油200克
巧克力棒适量
爆米花适量
棉花糖适量
黑巧克力酱适量
巧克力针适量
清水适量

制作步骤

1. 取干净的玻璃瓶，在瓶口外围涂上一层黑巧克力酱，将蛋白糖粘在瓶口外围，待用。
2. 在隔水加热的锅中倒入粉色巧克力拌至溶化，将甜甜圈半面蘸取巧克力酱，再撒上巧克力针点缀。
3. 将甜菜根放入锅中煮至熟透，取出，放入榨汁机，榨取甜菜根汁，倒入碗中，加入一半固体酸奶拌匀，倒入玻璃瓶中，再倒入剩余的固体酸奶，用搅拌棒稍微搅拌出纹理，撒上棉花糖，瓶口摆上甜甜圈。
4. 将淡奶油用电动搅拌器打发，挤入杯中，点缀爆米花、巧克力棒即可。

怪兽奶昔最初火于社交应用Instagram（INS），2016年在墨尔本流行开来，丰富的色彩和肉眼可见的热量带给人们的不仅是视觉冲击，还有味蕾的满足。

红丝绒拿铁

/ 澳大利亚 /

制作时间：6分钟
难易度：★★☆

原料

红曲粉10克

牛奶150毫升

热水30毫升

制作步骤

1. 将红曲粉倒入杯中，注入热水，搅拌均匀。
2. 将牛奶用意式咖啡机做出奶泡。
3. 将发泡钢杯倾斜，贴近杯壁缓缓倒入奶泡，倒出一个心形即可。

鲜橙葡萄柚多C汁

/ 澳大利亚 /

制作时间：10分钟
难易度：★☆☆

原料

葡萄柚1个
橙子1个
柠檬1/8个

制作步骤

1. 葡萄柚对半切开，挤压出汁水。
2. 橙子去皮，切块。
3. 将切好的橙子放入榨汁机中，榨成汁，取出；挤入柠檬汁，倒入葡萄柚汁，搅拌均匀即可。

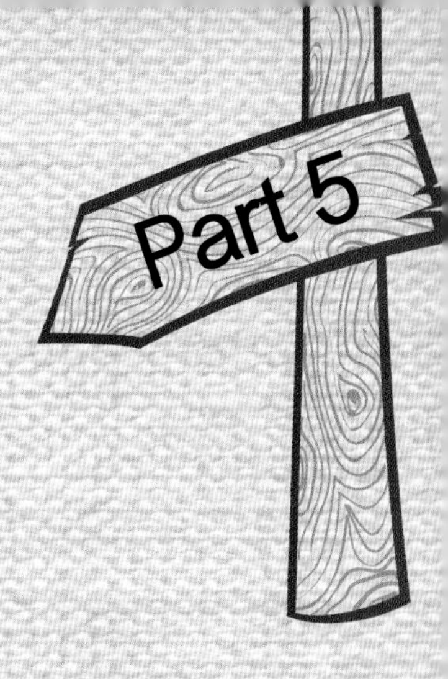

礼赞非洲大陆
粗犷自然风味

非洲是咖啡的发源地，
还盛产多种有机水果。
这里经历了原始文化与现代文化的碰撞，
饮食既有崇尚自然的部分，
也有偏向欧洲特色的部分。

玛克兰咖啡

/ 阿尔及利亚 /

制作时间：2分钟

难易度：★☆☆

原料

浓缩咖啡30毫升

朗姆酒30毫升

柠檬1片

肉桂棒1根

制作步骤

1. 将浓缩咖啡倒入杯中，加入朗姆酒。
2. 放入柠檬片，用肉桂棒搅拌片刻。
3. 饮用前将柠檬片取出即可。

这款咖啡由法国人发明，用非洲当地特产的朗姆酒、柠檬、肉桂棒进行调味。

甘蔗汁

/ 埃及 /

制作时间：2分钟
难易度：★☆☆

原料

甘蔗适量

冰块适量

制作步骤

1. 削去甘蔗皮。
2. 将甘蔗用专门的榨汁机榨出汁，装入杯中。
3. 加入少许冰块即可。

尼罗河两岸肥沃的甘蔗田栽种着具有埃及特色的白甘蔗，其外皮坚硬，又因为气候条件使其糖分更高，非常适合榨汁和制糖。

图巴咖啡

/ 几内亚 /

制作时间：20分钟
难易度：★★☆

原料

咖啡粉30克
清水适量
几内亚胡椒粉少许
糖少许

制作步骤

1. 将咖啡粉倒入锅中，注入清水，煮至沸腾。
2. 倒入几内亚胡椒粉，煮至入味。
3. 盛入杯中，加入少许糖拌匀即可。

洛神花茶

/ 苏丹 /

制作时间：10分钟
难易度：★★☆

原料

干洛神花10克

清水适量

制作步骤

1. 锅中注水烧开。
2. 将干洛神花放入杯中，倒入开水，冲泡片刻即可。

分层果汁

/ 埃塞俄比亚 /

制作时间：15分钟

难易度：★★☆

原料

牛油果1个

西瓜200克

芒果1个

柠檬汁少许

糖少许

制作步骤

1. 将牛油果、芒果分别去皮、去核，切块；西瓜去皮切块。
2. 先将芒果倒入榨汁机中，打成果泥，倒入杯中。
3. 再将西瓜倒入榨汁机中，打成果泥，沿杯壁倒入杯中。
4. 最后将牛油果倒入榨汁机中，打成果泥，沿杯壁倒入杯中，挤入柠檬汁，撒上少许糖即可。

在非洲大陆上，人与自然相处和谐，有机蔬果更是其特色。炎炎夏季，制作一杯混合了多种水果的果汁，酸甜适口，消暑解渴。

生姜啤酒

/ 南非 /

制作时间：12小时
难易度：★★★

原料

生姜粉12克
细砂糖500克
塔塔粉7克
葡萄干75克
酵母粉适量
冰块适量
蒸馏水2.5升

制作步骤

1. 将玻璃罐用沸水消毒，晾干。
2. 在玻璃罐中倒入生姜粉、细砂糖、塔塔粉、葡萄干，再倒入2.5升蒸馏水，搅拌均匀。
3. 倒入酵母粉，搅拌均匀，于阴凉通风处放置12小时。
4. 过滤掉葡萄干和其他残渣，饮用时加入冰块即可。